Explorando el Sistema Solar

Exploring the Solar System

Written By:
Nadia Merino Hernández

Illustrated By:
Pamela Montero

AF877839

Explorando el Sistema Solar
Exploring the Solar System

Dedico este libro a mis dos maravillosas hijas, Isabelle Penélope y Elise Sabrina. Gracias por ser la inspiración para este libro. Ustedes dos son mi sueño y mi propósito. Que ambas sueñen más grande, lleguen más alto y que cambien el mundo con su magia. *-Nadia Merino Hernández, Autora*

I dedicate this book to my wonderful daughters, Isabelle Penelope and Elise Sabrina. Thank you for being the inspiration for this book. You two are my dream and my purpose. May you both dream bigger, reach higher, and change the world with your magic. *-Nadia Merino Hernandez, Author.*

A mi amado esposo, quien me abraza y consuela después de cada fracaso, pero que celebra mis logros muchas más veces que yo. Gracias por ser, estar y existir. Este también es tu logro, cariño. *-Pamela Montero, Ilustradora*

To my loving husband, who embraces and comforts me after every failure, but who celebrates my achievements many times more than I do. Thank you for being and existing. This achievement is yours too, my darling. *-Pamela Montero, Illustrator.*

ASTRONAUTAS

¿Quieres ser astronauta?
Miramos al cielo con asombro en nuestros ojos.
Somos astronautas explorando el espacio.
Vemos las estrellas desde lejos. ¡Vamos!
El espacio está esperando.

ASTRONAUTS

Do you want to be an astronaut?
We look up at the sky with wonder in our eyes.
We are astronauts exploring space.
We see stars from afar. Let's go!
Space is waiting.

LAS ESTRELLAS

¿Ves la estrella?
Es un gran cuerpo celeste de gas que resplandece en el espacio.

STARS

Do you see the star?
It is a large celestial body of gas that glows brightly in space.

LAS CONSTELACIONES

¿Ves el patrón de estrellas?
Si las conectas, creas las constelaciones.

CONSTELLATIONS

Do you see the pattern of stars?
If you connect them, you create constellations.

EL SOL

¿Pero sabías que el sol es una estrella?
¡El sol ilumina nuestro sistema solar y es muy antiguo! Tiene más de 4.500 millones de años.
¿Puedes creerlo?

SUN

But did you know that the sun is a star?
The sun illuminates our solar system, and it is ancient! It is over 4.5 billion years old.
Can you believe it?

LA LUNA

Luna lunita que alumbras la noche nocturna.
Desde la Tierra, vemos tu luz brillante.
¿Pero sabías que la luna es el único satélite
natural de la Tierra?

MOON

The moon illuminates the night sky.
From Earth, we see its brilliant light.
But did you know that the moon is Earth's
only natural satellite?

LOS COMETAS

A lo lejos vemos cometas volando y brillando intensamente en el espacio. Un cometa es un objeto celeste formado por hielo, polvo y rocas, con una larga cola de gas.

COMETS

In the distance, we see comets soaring and shining brightly across space. A comet is a celestial object made of ice, dust, and rocks with a long tail of gas.

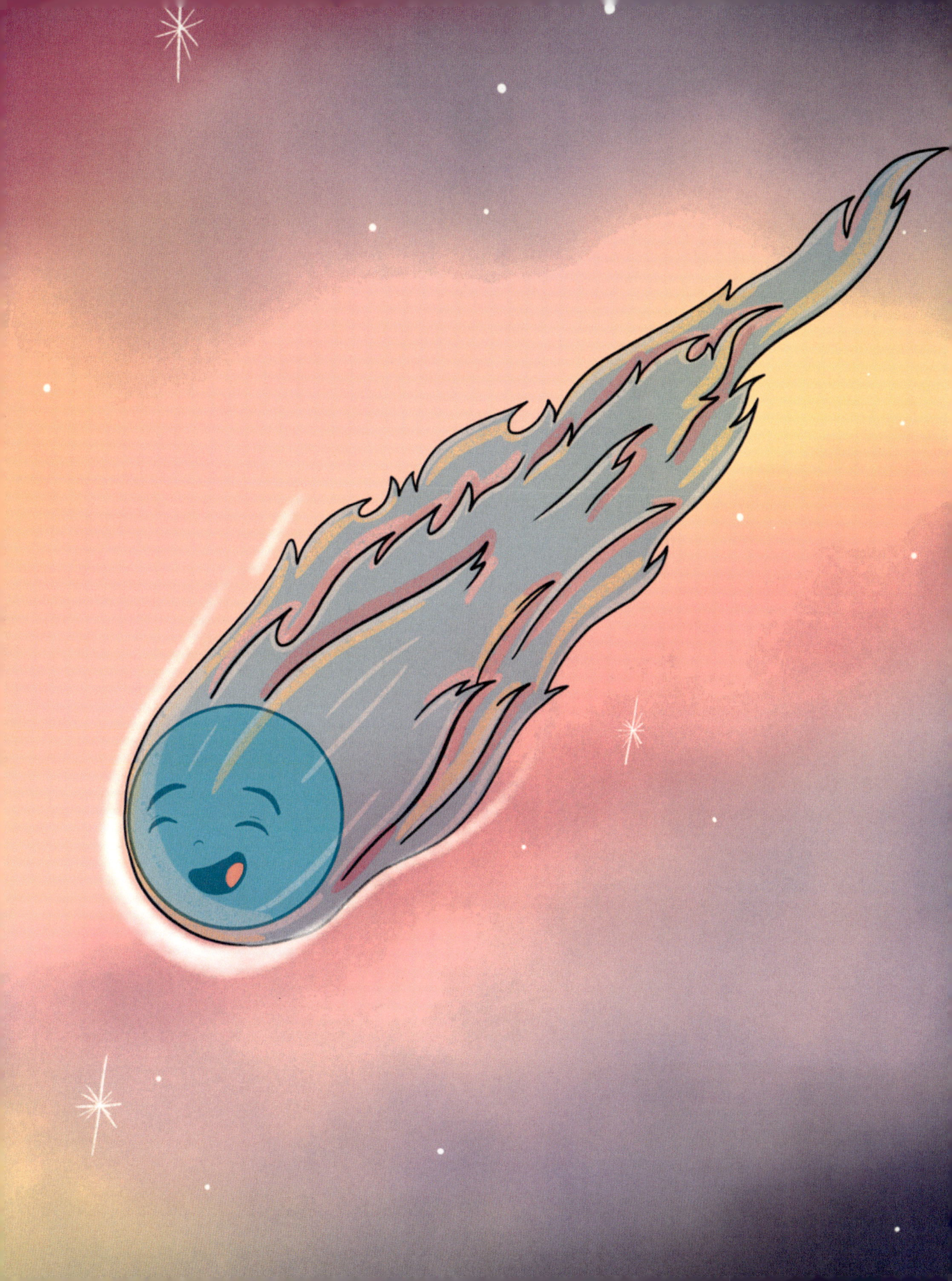

LOS ASTEROIDES

¿Qué es eso que viaja alrededor del sol? Un asteroide es un gran objeto rocoso más pequeño que un planeta. Hay millones de asteroides orbitando entre Marte y Júpiter, en una zona llamada el cinturón de asteroides. ¡El espacio es tan asombroso!

ASTEROIDS

What is that traveling around the sun? An asteroid is a large rocky object smaller than a planet. There are millions of asteroids orbiting between Mars and Jupiter, in a zone called the asteroid belt. The space is so amazing!

LOS METEOROS

¿Has visto estrellas fugaces? Son meteoros que atraviesan la atmósfera terrestre en forma de un rayo de luz. Los meteoros son objetos de roca y metal que se queman, creando un resplandor en el cielo nocturno.

METEORS

Have you seen shooting stars? They are meteors that pass through Earth's atmosphere in a streak of light. Meteors are objects made of rock and metal burning up, creating a glow in the night sky.

LOS PLANETAS

Desde muy lejos vemos a Mercurio, Venus, la Tierra, Marte, Júpiter, Saturno, Urano y Neptuno. Mercurio es el más cercano al Sol. Neptuno es el más lejano en el espacio. Hay ocho planetas en nuestro sistema solar. ¡El espacio es verdaderamente fascinante!

PLANETS

From afar, we see Mercury, Venus, Earth, Mars, Jupiter, Saturn, Uranus, and Neptune. Mercury is closest to the Sun. Neptune is the farthest out in space. There are eight planets in our solar system. Space is truly fascinating!

Sol
Sun
Mercurio
Mercury
Venus
Venus
Tierra
Earth
Marte
Mars
Júpiter
Jupiter
Saturno
Saturn
Urano
Uranus
Neptuno
Neptune

EL SISTEMA SOLAR

Nuestro sistema solar está formado por el Sol, las estrellas, ocho planetas, cometas y asteroides. ¡Así que sigamos explorando y aprendiendo!

SOLAR SYSTEM

Our solar system consists of the Sun, stars, eight planets, comets, and asteroids. So let's keep exploring and learning!

LAS GALAXIAS

¿Sabías que hay miles de millones de galaxias en el universo? Nuestra galaxia se llama la Vía Láctea. Andrómeda es nuestro vecino galáctico más cercano.

GALAXIES

Did you know there are billions of galaxies in the universe? Our galaxy is called the Milky Way. Andromeda is our closest galactic neighbor.

SUEÑOS

¡El espacio es una maravilla!
¿Cuando miras el cielo nocturno,
sueñas con ser astronauta?
¡La luna te está esperando!

DREAMS

Space is such a wonder!
When you look up at the night sky,
do you dream of being an astronaut?
The moon is waiting for you!

¿Quieres ser astronauta?
Do you want to be an astronaut?

LITTLE DREAMERS
PUBLISHING LLC

Copyright © 2022 by Little Dreamers Publishing LLC
Illustrations/Ilustraciones © 2022 by Pamela Montero
All rights reserved. No part of this book may be reproduced in any manner whatsoever without the publisher's written permission, except in the case of brief quotations in critique reviews.
Todos los derechos reservados. Ninguna parte de este libro puede ser reproducida de ninguna manera sin el permiso por escrito del editor, excepto en el caso de breves citas en reseñas críticas.
Published by Little Dreamers Publishing LLC. Publicado por Little Dreamers Publishing LLC
Library of Congress Control Number: 2021952151
ISBN: 978-1-7377936-7-0 (Paperback)
ISBN: 978-1-7377936-8-7 (E-Book)
Spanish and English Edition. Edición en español e inglés.
Suitable for ages 3 and up | Adecuado para mayores de 3 años.

Made in the USA
Coppell, TX
05 November 2026

11302982R00019